あなたは犬の気持ちがわかりますか？

写真を見て、犬の気持ちを答えてみましょう。

くくく　答えは次のページ

A.1

人間には聞こえない気になる音があるときに、
「何の音だろう？」と知ろうとしています。

Q.2

写真を見て、
犬の気持ちを
答えてみましょう。

Q.3

くくく　答えは次のページ

A.2

子犬が母犬にお乳を
ねだる際にする行為で、
自分に関心を向けてほしい
ときにする仕草《しぐさ》です。

A.3

動物の弱点であるお腹《なか》を
見せることで相手に信頼を置き、
安心していることを表しています。

写真を見て、
犬の気持ちを
答えてみましょう。

くくく 答えは次のページ

A.4

犬に何かしらのストレスがあるときに見せる表情です。
何らかの欲求不満を伝えるシグナルと思ってください。

A.5

犬同士では「敵意《てきい》はないから遊ぼう」と誘《さそ》うときの格好です。
飼い主さんにも遊びを誘っています。

写真を見て、
犬の気持ちを
答えてみましょう。

くくく　答えは次のページ

A.6

母犬への甘えのサインであるとともに、上位のものへの服従を示す挨拶《あいさつ》です。飼い主さんに甘えてリーダーとして尊敬の念を示しています。

A.7

歯が生《は》え替わる際の痒《かゆ》みを抑える、子犬同士の噛《か》みつき遊びの延長、何かストレスを感じる、3つが考えられます。

写真を見て、
犬の気持ちを
答えてみましょう。

くくく 答えは次のページ

A.8

嗅覚《きゅうかく》の鋭い犬は、
初対面の相手のお尻を嗅《か》ぐことで、
相手の犬がどんな犬なのか
情報を収集します。

A.9

群《む》れの動物である犬は、危険から
自分を守るために仲間同士で
寄り添って生きてきました。
飼い主さんを信頼し、
安心している証拠です。

はじめに

犬という生き物は、地球上のすべての生き物のなかで、すこし変わった特性を持っています。

多くの生き物は「命＝生きること」をもっとも優先します。ところが、犬には、命よりも大事にしているものがあります。それは「家族愛」です。家族、つまり自分の群れを愛する気持ちです。

犬の家族（群《む》れ）は、価値観《かちかん》も、喜怒哀楽《きどあいらく》といった感情も共有しようとします。犬にとって、自分ひとりだけが幸せになることはあり得ません。自分が幸せを感じるためには、絶対に家族が幸せでなければならないのです。

犬の飼《か》い主《ぬし》になった人は、時に愛犬の困った行動に頭を悩ませます。飼い主さんは原因を探ろうとして、犬種《けんしゅ》が関係しているのかもしれないとか、性格のせいかもしれないとか考えますが、そんな予想はすべて外《はず》れています。

もし、愛犬のことで何か悩みがあるとすれば、それは生まれつきの性格などではなく、生まれたあとに起こった原因が必ずあるはずです。自分勝手に生きよう、家族を困らせてやろう、などと考える犬は世の中には一頭もいません。犬はみんな、飼い主さんを愛し、愛されることを、生きること以上に求めているからです。

愛犬を大事な家族の一員として、生涯《しょうがい》を過ごそうと決めた人が、最初にすべきことは、愛犬を観察すること、そして愛犬の気持ちを探ることです。しつけや教育ではありません。

ほとんどの犬の行動は、家族に愛されたいがためのものです。家族が幸せでいることこそが、犬たちが生まれながらに望んでいるものなのです。飼い主さんが愛犬をよく観察し、愛犬の気持ちがわかるようになると、犬は困った行動をしなくなります。

本書は、もともと『犬のきもちがわかる34の大切なこと』というタイトルで２０１４年11月に発刊しました。

いま、愛犬とともに自宅で過ごす時間が長くなった人も多いと思います。このようなときだからこそ、しっかりと愛犬を観察してほしい、そして愛犬の気持ちがわかり、心が通じ合うようになってほしい。そういう思いでより多くの飼い主さんに読んでいただくために、装いを新たにしました。

自粛《じしゅく》を余儀《よぎ》なくされて人と人との触れ合いが減っていても、愛犬の愛が、あなたの孤独《こどく》を癒《いや》し、日々の暮らしを笑顔で満たしてくれることを願います。

三浦《みうら》 健太《けんた》

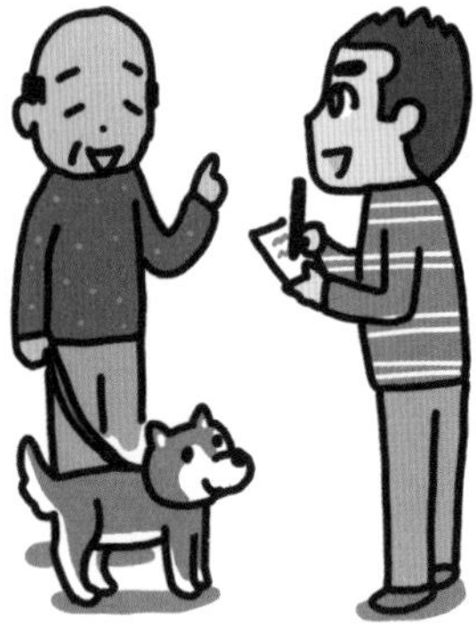

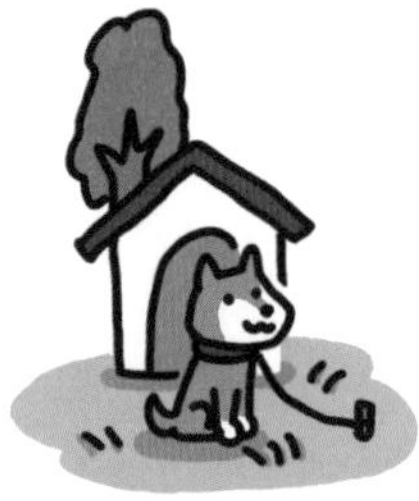

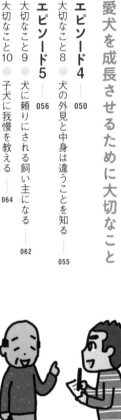

Chapter 3

愛犬を病気から守るために大切なこと

Chapter 4

愛犬の問題行動を直す際に大切なこと【その1】

Chapter 5

愛犬の問題行動を直す際に大切なこと【その2】

Chapter 6

愛犬と楽しく暮らすために大切なこと

Chapter 7

愛犬と快適に暮らすために大切なこと

Chapter
1

初めて犬を家族として迎えるために大切なこと

生涯《しょうがい》のパートナーになるために

ある日曜日
牧村《まきむら》家
かわいいワンちゃん大集合〜！
犬ってかわいいいなぁ〜
僕も犬がほしい！
犬かぁ
ちゃんと面倒《めんどう》見れるの？
うん！約束《やくそく》する！
じゃあペットショップに行ってみるか
ピョン
ピョーン
わーい！やったぁ！

パタタタタ
僕
この子がいい!
ズキューン
グサッ!!
柴犬《しばいぬ》か
頭がいいし
飼い主に忠実《ちゅうじつ》だというね
ママ、いいよな?
う~ん…
そうね-…
抱いてみませんか?
ハ、ハイ
ハフハフ
かかわいい

他に何が必要ですか？
デレデレ
とりあえず
・ケージ
・リード
・首輪《くびわ》
・ペットシーツ
・フード
をお揃《そろ》えになられては？
あちらにございますよ
そんなに!?
フードはどれがいいかな？
一番安いのでいいでしょ
おトク!!
ただいまー
ワンちゃん、新しいお家だよー

まず トイレを しつけないとな
チビ ここがトイレだぞ ケージの中だぞ
わかったか！
パシッ
!?
ビクッ
あっ！ コラッ！
チビ！
そこは トイレじゃ ないぞ！
コラッ！
パシッ!!
チビ〜 こっちおいで〜！

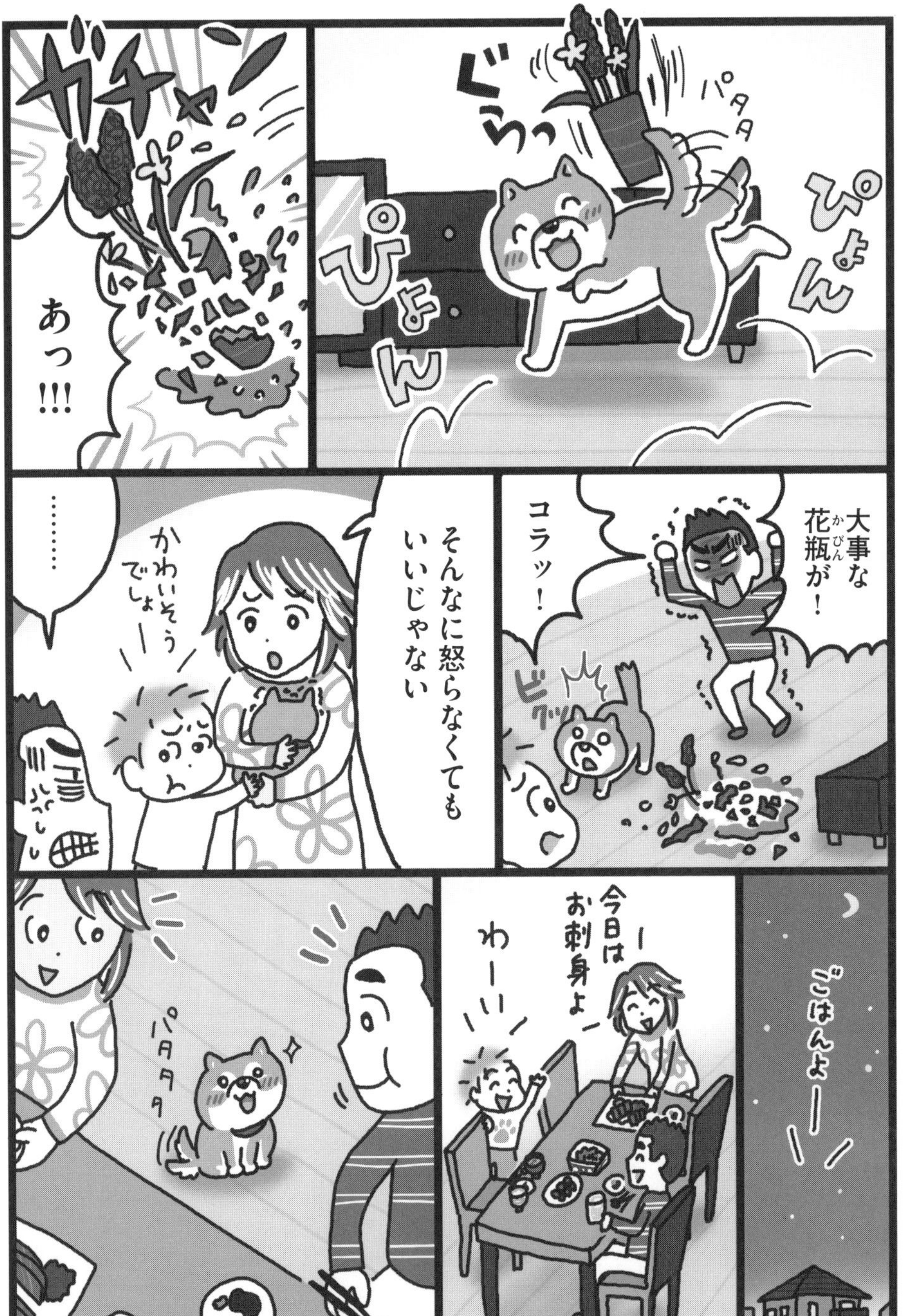
ぐらっ
パタタ
ぴょん
ぴょん
ガチャン
あっ!!!
大事な花瓶《かびん》が!
コラッ!
ビクッ
そんなに怒らなくてもいいじゃない
かわいそうでしょー
…………
ごはんよー
今日はお刺身よー
わーい
パタタタ

さっきはゴメンな
わー
もむ
もむ
か、かわいいっ
私もあげちゃおう〜っと！
もむもむ
パタタタ
喜んでくれたかな？
ててて
フフフ
じぃ….
?
やっやめてぇぇぇ〜〜！
ブリッ
雄太《ゆうた》！約束《やくそく》よ！片付けなさい！
やだよ！汚いもん！
プイッ
そんなに怒らなくてもいいじゃないか
ニヤッ
甘やかすとまた粗相《そそう》するわよ！
ギリ…

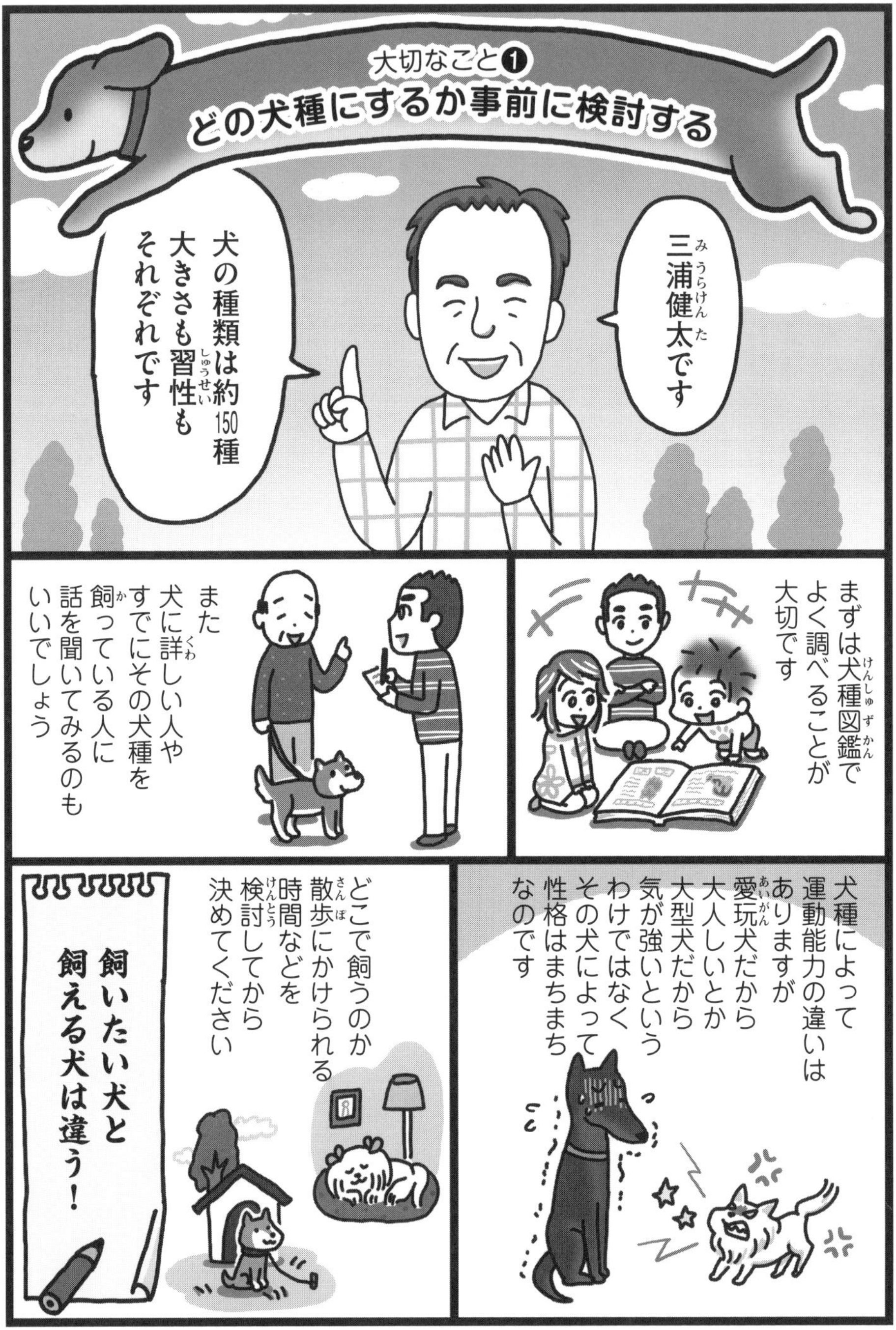
大切なこと❶
どの犬種にするか事前に検討する
三浦《みうら》健《けん》太《た》です
犬の種類は約150種
大きさも習性《しゅうせい》も
それぞれです
まずは犬種《けんしゅ》図鑑《ずかん》で
よく調べることが
大切です
また
犬に詳《くわ》しい人や
すでにその犬種を
飼《か》っている人に
話を聞いてみるのも
いいでしょう
犬種によって
運動能力の違いは
ありますが
愛玩《あいがん》犬だから
大人しいとか
大型犬だから
気が強いという
わけではなく
その犬によって
性格はまちまち
なのです
どこで飼うのか
散歩《さんぽ》にかけられる
時間などを
検討《けんとう》してから
決めてください
飼いたい犬と
飼える犬は違う！

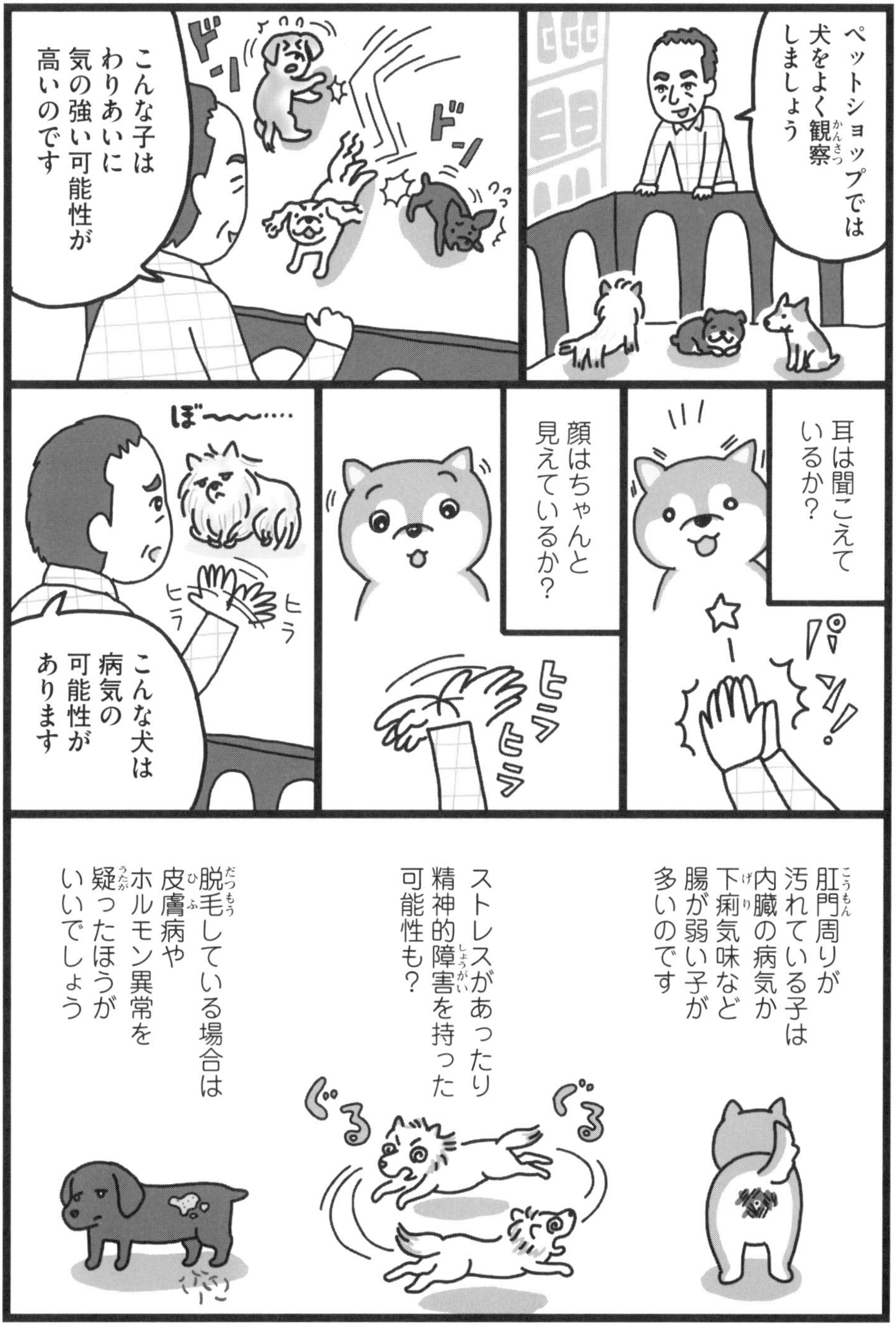
ペットショップでは犬をよく観察《かんさつ》しましょう
ドーン
ドン
こんな子はわりあいに気の強い可能性が高いのです
耳は聞こえているか?
パン!
顔はちゃんと見えているか?
ヒラヒラ
ぼ〜〜〜….
ヒラヒラ
こんな犬は病気の可能性があります
肛門《こうもん》周りが汚れている子は内臓の病気か下痢《げり》気味など腸が弱い子が多いのです
ストレスがあったり精神的障害《しょうがい》を持った可能性も?
ぐるぐる
脱毛《だつもう》している場合は皮膚《ひふ》病やホルモン異常を疑《うたが》ったほうがいいでしょう

大切なこと❷
室内飼いの場合はトイレトレーニングをする
部屋一面にトイレシーツを敷《し》きます
朝一番や食事のあとなどオシッコをするとと思われるときに犬のあとをついて歩きます
オシッコはトイレでね
と
と
と
と
と
と

しょー
オシッコをしたら必ず褒《ほ》めてあげましょう
よしよし
よくできたね
数日すると犬がよくオシッコをする場所と全くしない場所がわかります
2回
2回
1回
3回
全く使われなかったシーツを片付け同じようなことを繰《く》り返します

他の場所で失敗しても
叱《しか》らずに
最後の1滴《いってき》でもよいので
ペットシーツの上でさせて
終わったら褒《ほ》めて
あげましょう
いいこだね
もっともよく使う
ペットシーツだけを残し
同じようなことを
繰り返します
昨日
今日
8割方
オシッコをする場所が
決まったら
30センチ～50センチずつ
希望の場所へと
移動させていきます
この方法の最大のメリット
トイレを場所でなく、
ペットシーツの上と教えているために、
旅行やお泊まりで出かけた場合や、
引っ越ししたときにも、
愛犬がパニックになりません。
外出先で、**土地や草地がない場合でも、**
シーツ1枚を持っていれば
トイレに困ることもありません。
一番のメリットは、オシッコをすると
褒めてもらえると犬が思っているため、
人の目につきやすいところで
排便《はいべん》や排尿《はいにょう》をしてくれ、
処理が楽になります。
排便や排尿が悪いことで
叱られると思った犬は隠れてするように
なったり、時には我慢《がまん》をしすぎて
膀胱炎《ぼうこうえん》などを起こすことがあるのです。

大切なこと❸
部屋を片付ける
子犬は好奇心《こうきしん》の塊《かたまり》です
あ、コッチのは?
アレは何?
わ〜〜何だろ〜〜
大事なものや口に入れて危険なものは犬の手や口が届かない高い場所に移動しておくことが必要です
観葉植物《かんようしょくぶつ》の中には食べると毒になるものも多く水に溶けないティッシュペーパーも危険です
薬

大切なこと❹
フード選びのポイントを知る
ドッグフードは種類も多く価格差も大きいですが
それぞれ成分が違います
大型犬用
幼犬用
生後1年までは成長期で栄養《えいよう》が必要なため
「パピーフード」と呼ばれる栄養価の高いフードを与えましょう
健康な犬の便は人に比べて
固めで色は焦《こ》げ茶がもっともいいと言われています
いつも軟《やわ》らかい便をする場合は
FOOD
FOOD
食べすぎかフードが合っていないのです

犬の体質や
運動量から見て
栄養価が高すぎる
フードを
与えている場合は
肥満《ひまん》となり
いろいろな病気の
原因となります

人間が
美味《おい》しいと思う食べ物は
犬にとっては
糖分《とうぶん》や塩分《えんぶん》が多すぎて
健康を害《がい》します
人間用に味付けしてあるものは
与えないようにしましょう

カロリーオーバーや
油脂分《ゆしぶん》が多すぎるフードを与えた場合、
犬の耳の中が汚《よご》れてきたり、
下腹部に湿疹《しっしん》が出たりします。
栄養価が低すぎる場合は、
毛づやがなくフケが増えることがあるので、
犬の身体はよく観察《かんさつ》することが大切!

フードを切り替えるコツ

どんなに評判のよいフードであっても、犬の体質により合わない場合もあります。便や体重、元気さや毛並《けな》みで判断し、体質に合ったフードを選ぶことが大切です。
ただ、犬の内臓はふだん食べているものに合わせていく傾向《けいこう》があるので、
急にフードを変えるとお腹に変調をきたすことがあります。
最初は
元のフード9に対して新しいフード1、
次の日は
8対2、次は7対3というように
約1〜2週間かけて変えていきましょう。

大切なこと❺
家族みんなで育てる！
犬の寿命《じゅみょう》は約15年
15年！
その間に子どもは塾《じゅく》・クラブ活動に忙しくなり犬の面倒《めんどう》を見るという約束《やくそく》は守られません
犬を飼《か》うのなら親も面倒を見るという覚悟が必要です
大型犬の場合危険だからと親だけで面倒を見ていると
ダメ！
子どもと犬が共に親の愛情を求めて反発《はんぱつ》が生まれてしまいよけいに仲よくなりづらくなります

家族で統一ルールを決めてあげないと犬のストレスに！

犬は「群れの動物」なので、自分の家に住む全ての人を同じ群れの仲間と見ます。
家族会議で、**犬を褒《ほ》めるときや叱るときのルールを決め、全員で同じようにすることが大切なのです。**
「おすわり」などの言葉も統一した語句で話しかけることを心がけてください。
人によって態度が違うと、犬にとって「安心した群れ」に思えず、不安感からストレスを抱えてしまいます。
トイレ以外でひんぱんにオシッコをしてしまったり、吠《ほ》えたりする問題行動を起こしてしまうことがあるのです。

チビ
おやすみ〜
ふわぁ〜
カチャン
パチン
おやすみー
・・・・
おやすみー
ハーイ

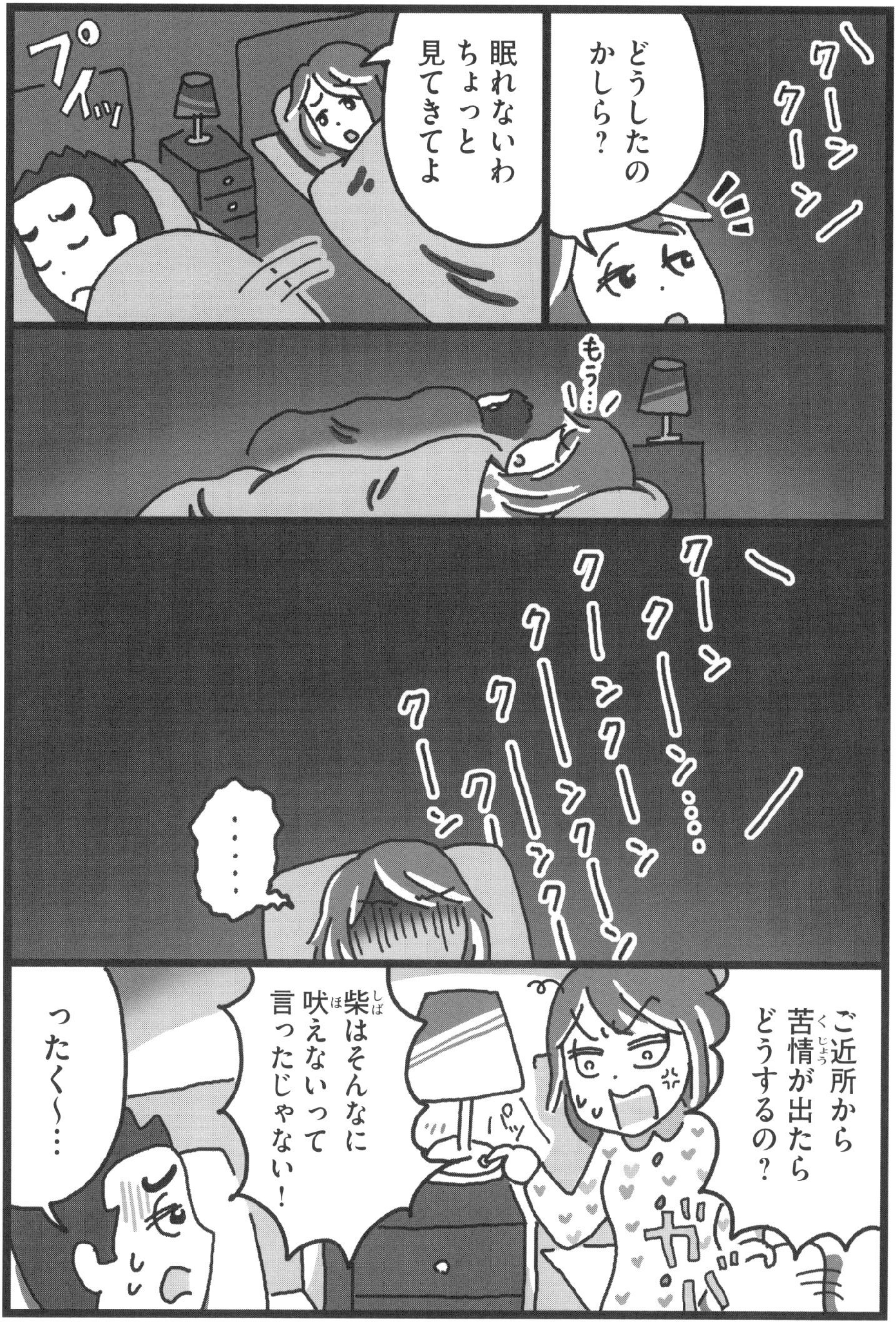

クーンクーン
どうしたのかしら？
眠れないわちょっと見てきてよ
プイッ
もう…
クーンクーンクーン……クーンクーンクーンクーンクーンクーン
……
ご近所から苦情《くじょう》が出たらどうするの？
柴《しば》はそんなに吠《ほ》えないって言ったじゃない！
パッ
ガバ
ったく〜…

パッ
コラッ!
クー…!!
チビ!
うるさい!
ビクッ
静かに寝ろ!
しーん
…
パチン

さっすが〜
これで大丈夫
ああ〜！もっと眠れないじゃない！
ガバッ
ガバッ
こらっ
いい加減《かげん》にしろ！

大切なこと❻
犬が夜泣きする真意を思いやる
親や
今までいた場所から
離《はな》された子犬にとって
新しい場所は
不安なだけです
くーん くーん
ぽっ〜ん…
寂《さび》しくて怖《こわ》いために
泣くんです
だから きつく叱《しか》られると
チビ！
うるさい！
ガーッ
叱られたことで
不安なきもちが
より強くなり
さらに怖くなって
しまいます
ここはヤダ!!
こわい！ 出して!!
ワンワンワン

こんなときは
子犬の寂しさを
感じ取ってあげ
優しくしてあげることが
大切！
ぎゅう
怖くない
からね
ホント？
大丈夫？
ボク、ここに
いてもいいの？
くーん
くーん
最初の夜は
一緒に寝てあげても
いいかもしれません
チビ、
おやすみ〜
怖くて不安に
思っている子犬を叱れば
その家庭が
怖いだけの場所になり
家族にも警戒《けいかい》する
ようになる！
ホッ

パタタタ
今日は
俺の好物《こうぶつ》
だから
やれないの！
ムフフ
ガーーン
コラ!!
ぐいーーん
よたよた

くださいワン
しつこい!!
?
ヴ
ピーポー
ピーポー
ピーポー
ワンワンワン

ダダダダダダ
静かにしなさい！ご近所迷惑《めいわく》でしょ！
ワンワン
算数
ブツブツ
ピンポーン
ムクッ
どちらさま？
です

もう！静かにしてよ！
ワンワンワン
うるさい！勉強できないよ！
雄太《ゆうた》ー ごはんよー 手を洗《あら》ってらっしゃい
はーい
チビもごはんよー

チビ！
ごはんよ
じ……
何？
反抗期《はんこうき》？
ただいま——
おかえりなさい——
残業《ざんぎょう》お疲《つか》れさまあ——っ！
ブッ

チビ!!
ダダ
ダダ
サッ
日曜日
チビ
おすわり!
シラー
おすわり!

言うこと聞けよ！
バシッ
キャン!!
ただいまー
ダメダメ！
てっ
足をちゃんと拭《ふ》いてから！
ぐいっ

あんなに可愛《かわい》かったのに何でこうなっちゃったのかしら？
犬なんて飼《か》わなきゃよかった…
ブル
ブル

大切なこと⑦
最初に教えるべきこと
犬を飼《か》い始めた飼い主さんが最初にするべきことは
よしよし
犬が安心して暮《く》らせる場所と認識《にんしき》させることです
よくできたね
しばらくは叱《しか》ったり厳《きび》しいしつけはせずひたすら優しく接《せっ》してあげることです
その家が安住《あんじゅう》の地で共に暮《く》らす人たちが優しい人だと教えることが大切！
ムダ吠えや咬み癖の原因の多くは「攻撃性」ではなく「恐怖心」が原因
叱ってばかりいると「人は怖いもの」と覚えてしまいます。呼んでも来なかったり、**家族以外の人についても警戒心《けいかいしん》を持ってしまうことから吠《ほ》えたり、咬んだりといった行為が増えてしまいます。**「人は優しいもの」と犬に認識させることが大切なのです。

Chapter
2

愛犬を
成長させるために
大切なこと

犬育ては子育てと同じ

山本家《やまもと》――
何かヨウコがお嫁《よめ》に行っちゃって侘《わび》しくなったわねえこの家
ハァ
犬でも飼《か》うか
しーーん….
小型犬だったら室内飼いできるし…
犬との散歩《さんぽ》もいい運動になるしなあ
運動不足で…
ハァハァ
ペットS
ペットS
ねえお父さんあの子！
おおっ！

ウル
ウル
ズキューン
あ〜！チコちゃん！カワユイでちゅね〜〜〜〜！
なんでそんなにかわいいんでちゅか〜〜
ズ
ズ
お父さん
次！早く!!
チコちゃん…

シュッ
シュッ
チコちゃん、気に入ったのかい？
シュッ
シュッ
ダメでチュよ チコちゃん
サッ
あらあら
ハハハ
・・・・・
さぁ チコちゃん
初めてのお散歩《さんぽ》でちゅよ
パシャ
チコちゃ〜ん こっち向いて〜

歩いてるだけでもかわいいな～
ホントホント
ズッズッ
ブロロロ
ブーーッ
シャーッ
アハハ
ワー
ダダダダダ
ペタン
どうした！チコちゃん!?
しょうがないでちゅねえ
だっこで行こうね
よしよし
イヤがるチコちゃんもかわいいわ～
パシャ☆
……

次は
お風呂《ふろ》
でちゅよ～
キレイ
キレイ
しようね
ショワー
おーい！
母さん！
バスタオルを
持ってきてくれ！
チコちゃん
お水が
嫌《きら》いなのね
キャン
キャン
キャン
ブル
ブル
ブル
シャンプーは
トリミングショップで
やってもらうか？
そうねえ
こんなに嫌《いや》がるの
見てられないものね
スマン
スマン
ブル
ブル

大切なこと❽
犬の外見と中身は違うことを知る
黒崎《くろさき》直《なお》美《み》です
こんなに小さくても本能《ほんのう》や習性《しゅうせい》は大型犬と同じだと思ってください
現場《げんば》を見つけたらすぐにやめさせます現行犯でしか叱《しか》れません
ダメ！
犬がいたずらをやめたりためらいを見せたらすぐに名前を呼んで褒《ほ》めてあげます
チコはいいこだね
よしよし
パタタ
犬は甘やかすだけでは成長しない！

チーコちゃん チーコちゃん
ぴょん
ぴょん
ガブッ
あたたた！
うまいか〜？ アハハ
カプ
カプ

メッ
サッ
歯の抜《ぬ》け替《か》わりの時期で痒《かゆ》いんじゃないの？
そうかチコは歯が痒いんでちゅね
ガブ
ガブ
しょうがないなぁ
あらぁ チコちゃんかわいいね～
ピンポーン
ビクゥ
ギャンギャン
キャン
ギャンギャン
チコちゃんはピンポンの音が怖《こわ》いのね!?
ハイ、おやつ
ごめんね～

・・・・
アハハ
フフフ
コスコスコスコス
まあ
チコちゃんたら
おませちゃんね
フフフ
よしよし
コスコス

チコちゃん
チコちゃーん
チコちゃん!!
ギャンギャン
すみませんねえ
この子犬が
苦手《にがて》なんです
フー
ワーダ
ダ
サッカーやろうぜ!
ワー
ダ
チコちゃんは
子どもも
苦手なんでちゅか?
ギャン
おーよしよし
ワアー

キャンキャン
だめでちゅ
チコちゃん
さっきごはん
食べたでしょう?
ギャンギャン
ガッ!
ガタ
ガタ
こらこら
ダメでチュ!
チコちゃん!?
ガブッ!
いたっ!!
・・・
フー
フー

今日は主人《しゅじん》が
留守《るす》なので
ゆっくりしていって
はーい
おじゃまします〜
ドーン
あら
チコちゃん
ちょっとどいて
何？これ？
まるでチコが
この家の主《ぬし》みたい…
ギャンギャン！
サッ

大切なこと⑨
犬に頼りにされる飼い主になる
犬は深い愛情があり自分をしっかり外敵《がいてき》から守ってくれる人を尊敬《そんけい》し
リーダーと認識《にんしき》します
キリッ
ブラッシングやシャンプーなど犬が嫌《いや》がったからといって途中で諦《あきら》めてしまうと
自分を守る力のない飼《か》い主《ぬし》
と認識してしまうのです
ヘラヘラ〜
マウンティングは上に乗《の》ったほうが上位されたほうが下位と確認する行動です
上位
下位

喜んで犬にマウンティングさせていると犬に飼い主より上位だと認識されてしまいます
ハハハ
犬は下位の言うことは聞く必要がないため次第《しだい》に言うことを聞かなくなるばかりか
ガブ!!
思いどおりにいかないと唸《うな》ったり咬《か》んだりするようになります
上位になると下位を守らなければいけないので犬が上位になってしまった場合には自分や家族を守るために他の人や犬 玄関《げんかん》のチャイムに反応し激しく吠《ほ》えるようになります
ピンポーン
ワン
ワン
あの人たちは頼りないワン!
でちゅでちゅ
リーダーの素質《そしつ》は犬を守れる力を持つ強さと愛情豊《ゆた》かな優しさ!
犬が家族の中で自分の順位を確認するために取る行動
・マウンティングをして飼い主の反応を見ます。上に乗ってマウンティングしているほうが上位されているほうが下位と見ます。
・健康《けんこう》に関《かか》わらずいつも食べているものを食べず違うものが出てくるのを待ちます。違うものを差し出した者を下位と見なします。
・飼い主を咬んでみて叱《しか》られずにいると自分を上位だと思います。
・散歩《さんぽ》に行かないふりをしてみたり行きたい方向を自分で決めてみたりして順位を確認します。
・自分の居心地《いごこち》のいい場所を占領《せんりょう》してみて、どかされそうになったときは怒《おこ》ってみます。自分の思いどおりになれば、自分を上位と見なします。
プイッ
チコ

大切なこと⑩
子犬に我慢を教える

犬の肩関節は
大の字にならないので、
横に広げないように
してください
人に足を
押さえてもらっても
よいです

1 犬を自分の膝《ひざ》の上に仰向《あおむ》けに寝かせ、前足の脇《わき》を押さえて動かないようにします。

ダメだよ
動かないで
足をのばし、
その足で犬を
押さえ込む

2 犬が暴《あば》れ出したり、
咬《か》もうとしたり、
逆にクンクンと泣き出したときは、
絶対に逃げられないようにして
「それはダメだよ」と
しっかり叱《しか》ります

タローは
いいこだね

3 暴れるのをやめたら、犬の名前を呼びながら優しく褒《ほ》めてあげることも大切です。
子どもを寝かしつけるような褒め方が理想です。

4 犬が動くのを諦《あきら》めたら、爪《つめ》や下腹、耳の中や歯などを軽く触《さわ》ります。

5 嫌《いや》がって暴れ出したら、同じように逃げられないようにして「ダメだよ」としっかり叱ります。

6 どこを触っても暴れず、おとなしくしているときは、優しく寝かしつけるように褒めてあげます。

7 やがて動くのを完全に諦め、半目をつむって寝るようになったら解放《かいほう》します。

この方法は、自分が逆《さか》らってもかなわない強い飼い主《ぬし》であるということと同時に、飼い主が優しい人であることも犬に伝える効果があります。
強い飼い主と認識《にんしき》させることは、自分を守ってくれる頼りになる人と認識させ、犬が警戒心《けいかいしん》を持たずに安心して暮らせるようになることなのです。
犬が幼《おさな》いときに時間をかけ、しっかりと教えておけば、あとに咬まれたりする心配はなくなります。

Chapter 3

愛犬を 病気から守るために 大切なこと

病気になってから悔《く》やむ前に

タッくん
ズズー
タッ君のペットのチャコちゃんです
かわいいでしょ〜♪
タッ君も犬飼《か》ってるのか…？
翌日《よくじつ》の夕方
PetShop

タッ君が
飼ってるのと
同じ犬種《けんしゅ》が
ほしいんだけど
ミニチュア
なんとかって
やつ
えっ!?
この犬種は
室内飼いに
ぴったしですよ
へー!
他には
何か
いります?
それでは
ケージは明日の
夜8時過ぎ着《ちゃく》で
お送りしますね
狂犬病予防《きょうけんびょうよぼう》の注射《ちゅうしゃ》は
やってくださいね
タッくんと
同じ♡
PET
FOOD

ワンニャン
クリニック
マロンちゃん
おりこうさん
でしたね
感染症《かんせんしょう》予防《よぼう》の
ワクチンと
フィラリア予防薬は
どうされます？
よし
よし
ケージ代○○円
首輪《くびわ》○○円…
今月は無理！
来月
お電話して
伺《うかが》います
さ、
帰ろ！
お待ち
してますね
ぐいぐい

1カ月後
そうですか？
今月も行けそうにないのでまたお電話します
ワクチンはいいか！そんなにお散歩行かないしね
フィラリアもマンションだから蚊もいないしね…

大切なこと⑪
感染症から守る

狂犬病《きょうけんびょう》の予防《よぼう》は
法律《ほうりつ》で定《さだ》められており
犬の飼《か》い主《ぬし》はすべて
実施《じっし》しなければなりません

感染症の予防

法律では定められていませんが、病気の中には発症《はっしょう》後48時間で死んでしまったり、仮に治っても神経障害《しんけいしょうがい》が出たりする病気もあります。

通常は、3種〜11種の混合ワクチンというものを注射して予防します。

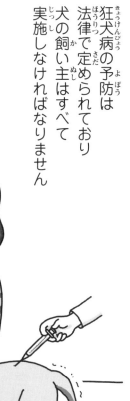

大切なこと⑫ フィラリアを予防する

フィラリア

蚊《か》は田舎《いなか》だけでなく都会にも生息しています。
フィラリアは、蚊が媒介《ばいかい》する
糸状《いとじょう》の寄生虫《きせいちゅう》です。
フィラリアを持った蚊が犬を刺《さ》すと、
血管の中を成長しながら移動し、
最後は心臓に寄生します。
虫が死ぬと丸い球状《きゅうじょう》になって
血管を詰《つ》まらせて重大な事態を引き起こします。
そうなると、薬物によって
大量に殺すのは逆に
危険になってしまいます。
**いったんフィラリアに寄生されると、
虫の寿命《じゅみょう》である6年間は、
犬の体内に時限爆弾《じげんばくだん》を抱《かか》えた
ようなものになってしまうのです。**

予防薬によりほぼ100％予防可能

通常は蚊が出始めて1カ月後から、
蚊の吸血《きゅうけつ》が終わって1カ月後まで
毎月1回予防薬を飲ませる方法が
一般的ですが、他《ほか》にも様々な方法があります。
薬の量や期間、価格も
住む地域や犬の体重によって異《こと》なるため、
地元の獣医師《じゅういし》に相談するとよいでしょう。

チュアブルタイプ
錠剤タイプ
つけるタイプ
注射タイプ

1年後
きもち いいいね～
マロンちゃん 走ろうか？
ダッ
ビンッ
てこ てこ

あれ？
どっか痛《いた》いの？
ん？
O脚《きゃく》？
いいよ
歩こうね
この体型だから
走るのが
苦手なんだ
2年後
むくっ
あー
お腹《なか》すい
ちゃった！
ん？
歳《とし》取って
猫背《ねこぜ》に
なっちゃったの？

ひょい
あんよも
広がっちゃって…
しょうゆ
ラーメン
♪
ぐつ
ぐつ
ぐぃーーん
ズキッ

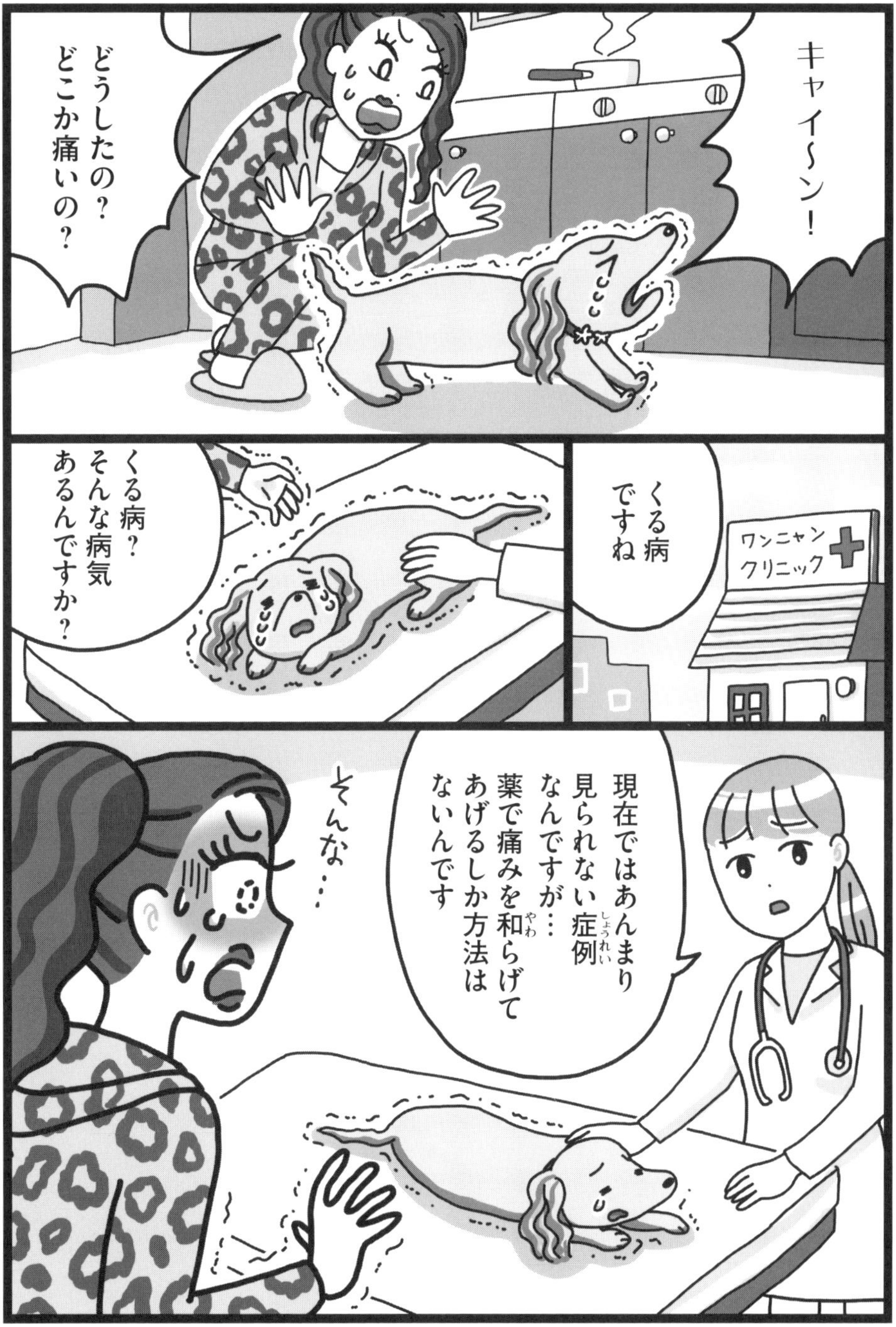
キャイ〜ン！
どうしたの？
どこか痛いの？
くる病
ですね
ワンニャン
クリニック
くる病？
そんな病気
あるんですか？
現在ではあんまり
見られない症例《しょうれい》
なんですが…
薬で痛みを和《やわ》らげて
あげるしか方法は
ないんです
そんな…

大切なこと⓭
栄養管理と飼育管理の大切さを知る
犬が成長過程《かてい》でしっかりとした骨《ほね》や関節《かんせつ》を作るためにはカルシウムが不可欠《ふかけつ》
ほとんどのドッグフードにはカルシウムが含《ふく》まれていますが――
おいしいワンちゃんの
Dog Food
摂取《せっしゅ》しただけでは体内に吸収《きゅうしゅう》できず栄養にするためには太陽光線が不可欠なのです
カルシウム吸収中

室内に閉《と》じこもり
太陽光を
浴《あ》びないことで
骨や関節の
成長障害《しょうがい》を起こし
関節の形成不全《けいせいふぜん》や
背骨の病気である
くる病になることが
あります
背骨の障害は
治療《ちりょう》方法がほとんどなく
かなりの痛みを伴《ともな》う
症状《しょうじょう》が多いため
犬には大変な苦痛《くつう》を
与えてしまいます
カルシウムを
栄養にするためには
太陽光が不可欠!
カルシウム不足の結果
O脚
X脚
骨の発達障害だけでなく
関節の発達にも
障害を起こすことがあります。
また関節の障害により
極度《きょくど》なO脚やX脚《きゃく》になると、
走ることが難しくなり
運動ができずに他の障害を
引き起こすこともあるのです。
ただ、とりすぎには注意しましょう。

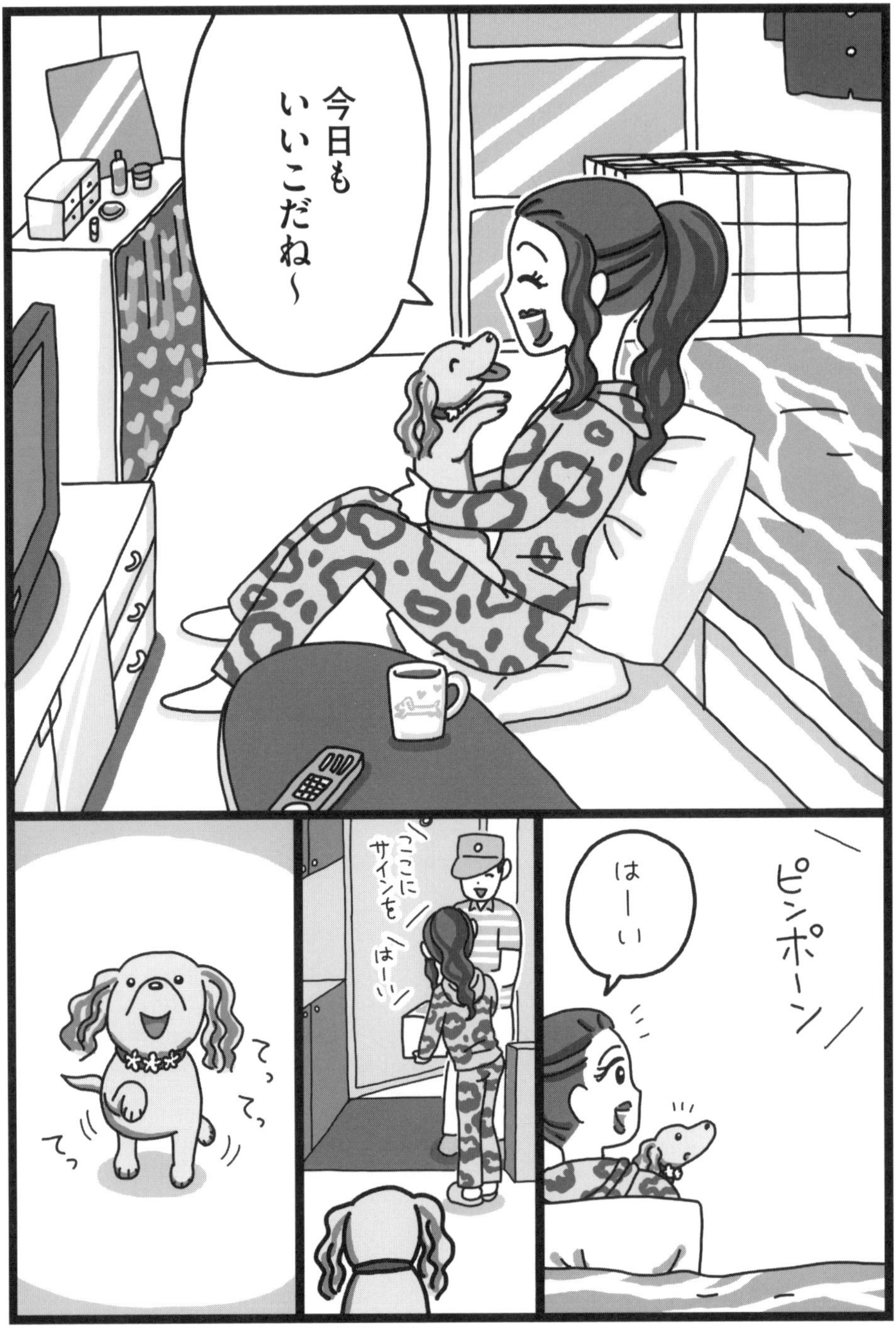
今日も
いいこだね〜
ピンポーン
はーい
ここにサインを
はーい
てっ
てっ
てっ

ぺたんっ
どうしたの? 腰が抜けたの?
ザッ
パタタタタ
なんだー
もう
はい、めしあがれ～～♪
My Dog
あーん
ゴホッ
ん? マロンちゃん風邪《かぜ》引いたの?
ゴホッ
スースー

ガフッ
ゴフッ
ガフッ
ゴフッ
よしよし
明日
病院に行って
みよう…
大量の
フィラリアが
心臓に
寄生《きせい》してますね
え？
フィラリア
ですか？
ハァ
ハァ
治るんで
しょうか？
寄生虫が
死ぬまでの
6年間は
爆弾《ばくだん》を
抱《かか》えていると
思ってください
！
ハァ
ハァ

ハァ
ハァ
マロン
ごめんね
ごめんね
うっうっ…
ちゃんと
フィラリアの
お薬で
予防してあげれば
よかった…
私がケチった
ばっかりに…
マロン…

大切なこと⑭
費用を考えておく

犬の病気の予防にはある程度のお金がかかる

感染症予防《よぼう》のワクチンやフィラリアの予防薬、病気の早期《そうき》発見のための定期的な健康診断などの費用は、前もって考えておく必要があります。また、突然の病気やケガなども考えておかなければなりません。

放《ほお》っておいて、
あとから重症《じゅうしょう》になった場合は、
かなり高額な治療《ちりょう》費用が
かかることもあります。
ジステンバーなどは
発症《はっしょう》してしまうと
治療《ちりょう》しても回復《かいふく》しない
場合もあり、命にかかわる
こともあるというのを
念頭《ねんとう》においておきましょう。

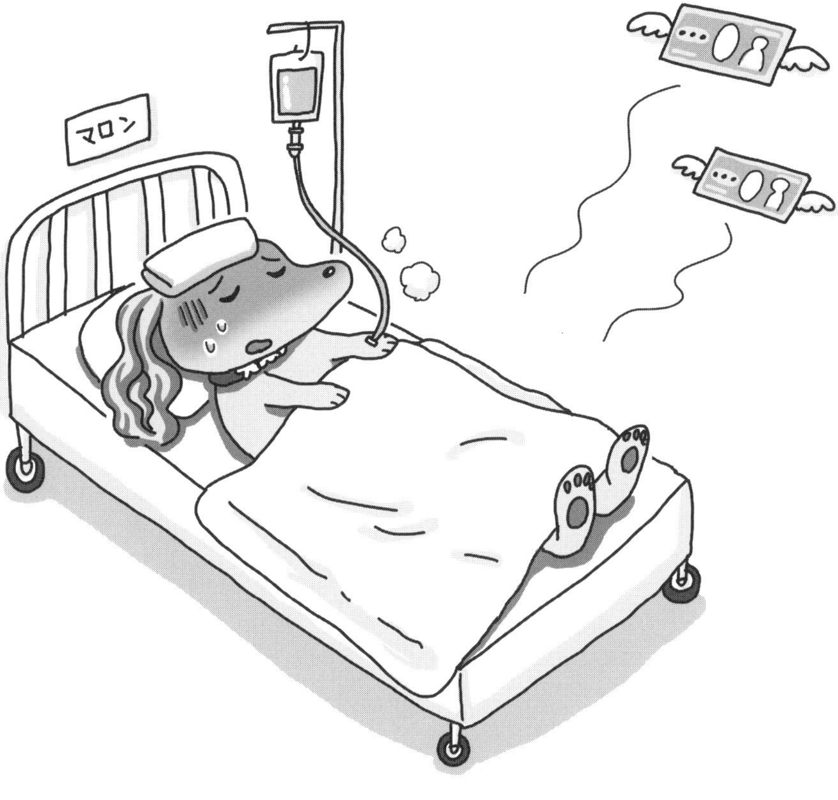

大切なこと⑮
日常のお手入れを欠かさない

毎日の散歩

小型犬、大型犬
サイズや犬種にかかわらず
犬の健康を
維持《いじ》するためには、
毎日の散歩《さんぽ》は
欠《か》かせません。
適度《てきど》な運動を
させるだけでなく、
カルシウムを体内に
吸収させるため
太陽光にあたることや
犬に周囲の匂《にお》いを
嗅《か》がせることで
ストレスの緩和《かんわ》にも
なるのです。

ブラッシング

毎日のブラッシングは、毛並《けな》みを整《ととの》えるだけでなく、新陳代謝《しんちんたいしゃ》を活発にし、身体に付いたノミやダニの早期発見にもつながります。ノミやダニは感染症を媒介《ばいかい》することもあります。

最近話題のSFTS（重症熱性血小板減少症候群《じゅうしょうねっせいけっしょうばんげんしょうしょうこうぐん》）にはマダニが関与《かんよ》しています。

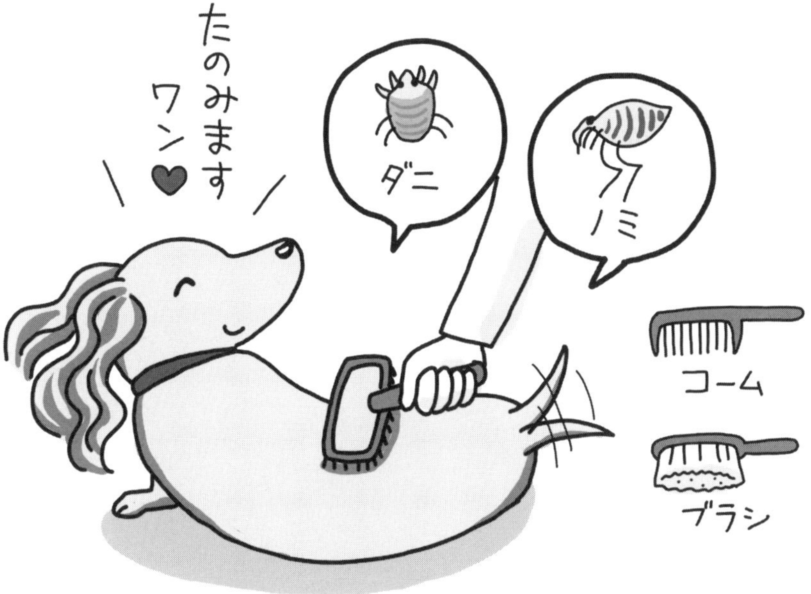

歯磨き

歯に付いた
茶色い歯石《しせき》を放《ほお》っておくと
歯周病《ししゅうびょう》などにもなるため、
歯磨きも大事です。
歯ブラシで磨《みが》く方法と、
指にガーゼなどを巻《ま》き付けて
歯の汚《よご》れを取る方法があります。

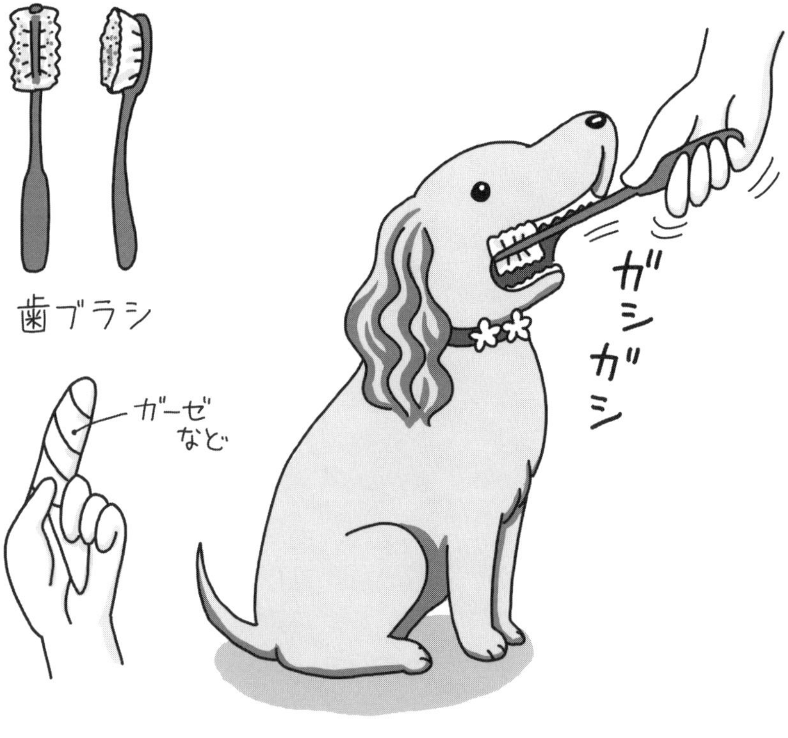

爪切り

長くのびた爪《つめ》が引っかかると、生爪をはがしたりするため、定期的な爪切りも必要です。

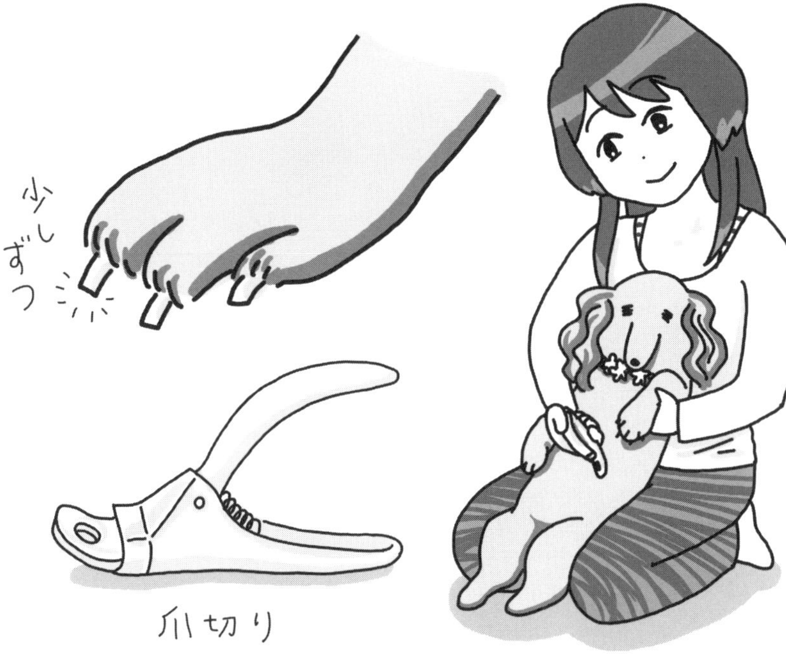

シャンプー

洗剤《せんざい》が身体に残っていると、
痒《かゆ》みやフケの原因にもなるため
十分にすすぎましょう。
冬場はタオルで表面を拭《ふ》くだけでなく、
毛の下の地肌に近いところを
ドライヤーなどで
しっかりと乾《かわ》かさないと、
毛玉になったり風邪《かぜ》を引いたりします。
夏は、外に放置《ほうち》しておくと、
毛に付いた水滴《すいてき》がレンズとなって、
地肌にやけどのような症状を
引き起こすことがあります。
夏場に洗ったときも、
ドライヤーなどで
しっかり乾かしてあげましょう。

シャンプーなどは
犬用のものを
使用しましょう！

Chapter
4

愛犬の問題行動を直す際に大切なこと

[その1]

問題の原因は飼《か》い主《ぬし》にある

佐々木《ささき》家
ガチャ
あー！
ふら〜

ショコラ!
トコ
トコ
トコ
トコ
トコトコトコトコ
ダメでしょ!
何度言ったら
わかるの?
ペシャーン
もう!
ぴゅーっ
ハァー

ピンポーン
誰かしら？
今どき
はーい
……
ワンワンワンワンワン
パタパタ…
ショコラ！

ダメだろ！
ムダ吠《ぼ》えはするんじゃない！
お義母様からのお荷物よ〜
ぴゅーッ
ハアー
なあ やっぱり素人《しろうと》の俺たちじゃあ無理だよ
そうねえ しつけ教室に行ってみる？

大切なこと⑯
叱るときは名前を呼ばない
ショコラ！
叱《しか》るときに名前を呼ぶと
!?
犬は自分の名前に対して警戒心《けいかいしん》を持ち
ピクッ
ショコラ〜♥
ショコラー!!
ショコラ！
ショコラ♪

将来《しょうらい》 名前を呼ばれただけで
ショコラー
ダッ
キケン!!
逃げるようになってしまいます
名前を呼ぶのは褒《ほ》めるときだけにします
ショコラいいこだね
ぴこぴこ
名前のあとは「いいこだね」という言葉をセットにしておくといいでしょう

しつけ
おすわり!
ストッ
ホッ
しつけ
ショコラちゃん色々とできるようになりましたね
ハイ!

2カ月後
ふせ！
サッ
すごいなあ
ショコラ！
ごほうびの
おやつだよ
ハフ
ハフ
犬用
おやつ
でしょう？
ここまでできる
ようになるとは
思わなかったわ

ピンポーン
!!
もぐもぐ
ワンワン
ワーン!
オホン!
ハッ
これだよ
これ!
あー……

○○公園
いい天気だな～
ICE
ダッ
ぐりんっ
ビーン
うわぁ！

ワン!!
わっ!
ドン
べちょっ
うわ〜ん
ごめんね ごめんね
あなた アイス買ってきてあげて
おう!
ペロペロ
ショコラァ〜〜〜

ショコラは
食い意地《いじ》がはってるな
ちゃんとごはんやってるのに…

ダッ
また!?
ビンッ
だめ
だめ!
ぐーん
ハフ
ハフ
ハフ
ハフ
ぐーん
プル
プル
これからは
散歩《さんぽ》のときにも
おやつを持って
出ないとダメだな
プル
プル
こくこく

数カ月後
ででーーん
ショコラ太ったんじゃないか？
うん
このところ
動くのも
大儀《たいぎ》そうなの
ずしーん
ずむむむ…

大切なこと⑰
ごほうびのおやつの弊害を考える
おやつで注意をそらすということは
シーッ！
吠えちゃダメだよ
いたずらやムダ吠《ぼ》えがいけないと教えることになっていません
食べ物で誘導《ゆうどう》するやり方では落ちているものや他人が持っている食べ物に興味を持ち

犬の関心が
そちらのほうに
向かってしまいます
こっちよ!
ぐーん
あぐあぐ
また おやつを使って
色々なことを教えると
散歩?
行きたくないワン
食事の他にも
たくさん食べてしまうため
肥満《ひまん》になり
色々な病気の元にも
なってしまいます
すべてをおやつでは教えられない!
食べ物に興味のある犬は
「おすわり」などを教えるときには、
早く覚える場合がありますが、
食べ物に興味のない犬や
やめてほしいことを教えるときは、
「おやつのごほうび」では
難しいのです。
ワンワン
吠えたら
オヤツもらえる!
イヒヒ

ショコラ！
ショコラってば！
どどーん
この子
名前を呼んでも
来ないわ
パチ
せまい…

ハァーー
ぷいっ
ただいまー
今日はサラダとハンバーグとー
ゴソ
ガサ
カチャ
カチャ
ガサゴソ

カチャカチャ
ガサッ
んー…
あ、あの音は!!
ワフッ
ドドドド
ハフー
ハフー
ワフッワフッ
ドタドタ
あんたの食べるものじゃないの!
この子は食べ物しか関心《かんしん》がないのかしら…

大切なこと⑱
食べ物を使いすぎて失敗したときの改善方法を知っておく
おすわり！
何かをさせたときには
サッ
まず名前を呼んで犬を触《さわ》りながら笑顔で褒《ほ》めてあげます
ショコラいいこだね
ゆっくりなでる

そのあとで少量のおやつを与えます
ポリポリ
ふせ!
サッ
これを繰《く》り返し
ショコラ、いいこだね―
与えるおやつを2回に1回3回に1回と減らしていきます
おやつよりも飼《か》い主《ぬし》さんの笑顔や飼い主さんの手で褒《ほ》められることを優先するように直していくことがポイント!
ほめられたーい
ほめられたーい
ポイ

Chapter
5

愛犬の問題行動を直す際に大切なこと

［その2］

飼《か》い主《ぬし》の粘《ねば》り強さが愛犬を育てる

横《よこ》井《い》家
盲導犬特集
盲導犬のラブラドールレトリバーのタロウくんは…
ねえ ラブラドールが いいんじゃない？ 賢《かしこ》そうだし
そうだなあ 盲導犬《もうどうけん》に なるぐらい だしね

Dog
この犬種は盲導犬として活躍《かつやく》しているし賢いんですよね？
かわいい〜
厳《きび》しい訓練《くんれん》を経《へ》てなれるんですよ
大型犬は成長すると力もあるのでなめられないようにしっかりとしつけてください

309
横井
ゴシゴシ
ペロペロ
甘《あま》えん坊《ぼう》さんねえ
どかっ
甘やかさずに厳《きび》しくしつけないと！
そ、そうね…
犬のしつけ
厳しく!
あーお散《さん》歩《ぽ》デビューが楽しみだわ
でへへ

チャーリー
初めての
お散歩だぞ！
カチャ
はい、
リード
じ〜〜ん
キャーキャー
ブンッ
!!
ズリュ
ダッ

チャーリー！
待って！
ダダ
わちゃわちゃ
あーあ
手がすりむけ
ちゃった…
コラー！
イケナイ！
グイグイ
ズリズリ
グイ

キャウ!?
ピ
シャッ
子犬でこれだと大きくなってどうなるのかしら？
……
チャーリー!!
ぐんっ

大切なこと⑲
犬を信じる
犬に なめられては いけない！
と信じた 飼《か》い主《ぬし》さんは
犬のしつけ 厳しく！
ワン
厳しく！犬のしつけ
いつか 悪いこになる
にちがいない
バウ
バウ
というきもちで 子犬に接して しまいます
絶対に いいこになる
いいこ だね
と信じて 接して あげることが

犬には
飼い主から
信頼されて
いる！
という
安心感に
つながるのです
犬はとても
感受性《かんじゅせい》が強く
人のきもちを
瞬時《しゅんじ》に読み取る！
何がよいことで
悪いことなのか
わからない子犬を
やみくもに叱《しか》っても
ただ怖《こわ》がるだけです
ピシャッ
なんで!?
叱る前に
ひとつずつ教えて
あげようという
きもちが大切！
優しい人たち
だワン♡
犬は飼い主を
見て育つ！
犬を乱暴《らんぼう》に育てれば
乱暴になり、
優しく育てれば
優しくなります。
優しいきもちを持った犬を
望むならば、
まず飼い主さんが
犬に優しく接しなければ
なりません。

おはようございます
おはようございます
今日の散歩《さんぽ》はおひとりですか？
こいつの引っ張る力が強くて家内《かない》は音《ね》を上げてしまったんです

ダッ
♪
ぐいっ
イケナイ！
バシィッ
キャン！
タタタ
チャーリー
イケナイ！
ワンワンワン
イケナイ！
ワンワン
？？

309
横井
きゃーー！
な、なんで……
コレは⁉
ガリガリガリ
イケナイ！
ワンッ⁉

休日
ワン!!
ワンワン
きゃ!?
また!!
イケナイ!
スイマセン!
イケナイ!
今日、もう6回目だぞ!
大変そうですねぇ
ワンワン
すみません
ムダ吠《ぼ》えが
直らなくて…

そんなときは
石を入れた空き缶や
金属の鎖《くさり》を
投げつけて脅《おど》かせば
効果がある
そうですよ
なるほど〜
いらっしゃい〜
ステキなお家〜♪
おじゃまします
どうぞどうぞ

ワンワン
わっ!
ブンッ
ゴチョン
ガチン
キャン!!
ごめんなさい 驚かして しまって
いえいえ…
犬のこと? 鎖のこと?
すごすご
あ…

大切なこと⑳
飼い主さんの足元を大好きになってもらう
優しく語りかけるように
こっちにおいで
ぐんっ
リードをたぐって、引き寄せる
リードを引き寄せながら叱《しか》ると犬は
飼《か》い主《ぬし》に近寄ると叱られる
と思い込みます

いいこだね
飼い主さんの
足のそばは
いつも褒《ほ》められる
快適《かいてき》な場所だと
思わせる必要が
あるのです
子犬が外で元気なことは
健康の証だと余裕を持って
接することが大切！
人間の子ども同様に
子犬も元気です。
子どもが元気に
走らなければ、
親は心配します。
子犬が
元気に走ることは
嬉《うれ》しいことで
決して
悪いことでは
ないのです。

大切なこと㉑
イタズラは犬の目を見て叱る
ガリガリ
イケナイ!
イタズラをやめさせたいときは犬の目を見て落ち着いた声で叱《しか》ります

甲高《かんだか》い声や
ヒステリックな声で
叱ったり
半分笑いながらの
叱り方は効果がない！
キーッ
ダメだよ～
ヘラヘラ
叩《たた》いたり
後ろから叱るのも
効果がない！
イケナイ！
ぐいっ
イケナイ
犬がこちらを
見ようとしないときは
下あご側から口を持ち
目をこちらに向けさせて
叱ります

ぐいっ
イケナイ
犬が嫌《いや》がって
手を払《はら》おうと
するときは
首の後ろ側を持ち
手前に引き寄せて
犬が後ろに
逃げられない
ようにしてから
叱《しか》ります
いいこだね
叱って
やめさせたあとは
必ず褒《ほ》めてから
終わりにします
もう一度
イタズラをした
ところに連れていき

ガジガジ
再びイタズラをしたら同じように叱って
イケナイ
やめさせてから褒めます
いいこだね
何回か繰り返し犬が興味なさそうな仕草《しぐさ》をしたらすかさず褒めることが大切！
いいこだね！

大切なこと㉒
吠えてほしくないことを教える
飼い主が吠《ほ》えてほしくない場面で犬が吠えたときは犬の口を押さえて吠えられないようにしてから怖《こわ》い表情をして犬の目を見てしっかりと叱《しか》ります
イケナイイ！
いいこだね
吠えるのをやめさせたらゆっくり褒《ほ》めて終わりにします

また
チャイムが鳴ったり
したときに
吠えて困る場合には
おねがい
OK～！
友人などに頼んで
3～5分おきに
チャイムを
鳴らしてもらう
協力をお願いします
愛犬には
リードをつけて
準備をします

ピンポーン
ワンワンワン!
イケナイ!
犬がチャイムに反応し吠《ほ》え出したら犬の口を閉じさせて目をにらんで叱《しか》ります
吠えるのをやめさせて優しく褒《ほ》めます
いいこだね

吠えるのをためらう素振りをしたときは？

何回か繰り返すうちに、
犬の吠える声が
遠慮《えんりょ》がちになったり、
吠え方が大人しくなったりするときは
我慢《がまん》をし始めているのです。
その場合は、
すかさず褒めてあげましょう。

犬は吠えて何かを伝えています。
なぜ吠えているのか理由を考え、
その原因を取り除くだけで
吠えなくなる場合があります。

これ いいんじゃない？ 家からも近いし
「服従訓練専門《ふくじゅうくんれん》！ 大型犬も可」 ですって！
〜△△訓練所〜
服従訓練専門！
大型犬もOK！
ビシ
ビシ
厳《きび》しい訓練じゃないと チャーリーのしつけは 僕たちじゃ 無理だよ
ふわぁ〜
うん うん
ハァ

1カ月後
服従専門！
△△訓練所
△△訓練所
スワレ！
ザッ
コイ！
ぴゅーっ
よかった～！
すごい！
ヤッタ

309
横井
スワレ!
あっ
スク
タタタ
言うことを聞いてくれたのは最初の1週間だったなあ
ハアー
何だか最近甘えてこなくなったし…

ダッ
もどってる…
!!
パク
イケナイ!
くーん
ヒクヒク
ガーン
イケナイ!
くるっ
パクゥ

いやあああ!
309
横井
私のカーディガン!?
ブン
バサッ
ブン
ブーン
バサッ
ぐいーっっ
チャーリー! イケナイ!
ぐいっ
ゔ〜〜〜!
ガヴッ
キャアッ!!!

訓練士《くんれんし》さん どうしたら いいって？
僕たちのやり方が 甘すぎる… だってさ
カショ
……
ハァ
ガタ
どうするのよ？ 大型犬飼《か》いたい って言ったのは 和也《かずや》でしょ！
何だよ！ 君がラブラドールが いいって言った んじゃないか！

大切なこと㉓
上手な「おすわり」を習得する
優しい声で
おすわり
と声をかけ1秒でも早く座らせて褒《ほ》めます
リードの付け根を持つ
お、おスワリ!
強圧《きょうあつ》的な指示語で教えると優しい声では言うことを聞いてくれなくなる
初めから優しい声で練習する!
愛犬が座らないときはお尻《しり》を押しても構《かま》いませんやはり1秒でも早く座らせて褒めるようにします
おすわり
ぐっ
おしりを押す
この時間が短ければ短いほど効果が出るのです

愛犬がなかなか座らないときは図のように座らせます
おすわり
おしりは押す
首輪は斜め上に
チャーリーよくできたね
パタタタ
褒めるときに名前を呼び毛並《けな》みにそって優しくなでながら褒めます
必要以上に大げさな褒め方は愛犬が落ち着きにくくなりおやつなどのごほうびも逆効果！
「おすわり」が完璧に瞬時にできれば愛犬を危険から守れる！
犬の動作を瞬時《しゅんじ》に止めることができれば、交通事故などの危険を避けることができます。家でおすわりができたら公園でと、**場所を変えて完璧《かんぺき》にできるまで練習することが大切です。**そして「おすわり」が飼《か》い主《ぬし》さんに褒めてもらえるよい言葉と理解させるように教えることで他の動作もすすんでしたがるようになるのです。
おすわり
サッ

大切なこと㉔
上手な「おいで」を習得する
少し離れたところから
おいで
と優しく声をかけます
声をかけたら1秒でも早くリードを引き寄せます
たぐって引き寄せる

足元まで
引き寄せたところで
すぐに褒《ほ》めてあげます
よくできたね
チャーリー

手を叩《たた》いたり
おもちゃやおやつで誘《さそ》うのは
関心を持たせて呼び寄せただけ！
呼ばれたら足元に来ることを教える！

大切なこと㉕
拾い食いを直す練習をする
お散《さん》歩《ぽ》コースの
目立つところの何カ所かに
おやつを置いておき
散歩に
出かけます
犬がおやつを
食べようとしたら
目を見て
しっかりと叱《しか》ります
イケナイ!

ガマン!
スクッ
チャーリー えらいね
犬に食べるのをやめさせて優しく褒《ほ》めてあげます
次のおやつを置いているところまで行き
イケナイ!
犬が食べようとしたら同じように叱りやめさせてから褒めてあげます
えらかったね チャーリー
プイッ

何回目かのときに
犬がおやつに
気づかない
ふりをしたり
遠回りをするときは
ぐっ！
犬が飼《か》い主《ぬし》さんの
言うことを
理解し始め
我慢《がまん》をし始めた行動なので
コレは
食べて……
食べて…ダメ？
うん、ダメ!!

必ず褒《ほ》めて
あげましょう
チャーリー
えらかったね
♪

犬がおやつを
無視できたのは
飼い主さんのきもちを
理解して我慢を始めた合図！
たくさん褒めて
あげるのが大切！

体罰を多用したしつけの弊害

近年は「番犬」にするよりも、近所の誰からも「愛される犬」が理想とされます。子犬のときに**厳《きび》しくしすぎるしつけや体罰は、人を警戒《けいかい》する原因となり、**後にその恐怖心《きょうふしん》からむやみに人に対して吠《ほ》えたり、時には咬《か》もうとしたりするようになります。

まず最初は「人は怖くない」と教えなければなりません。

叩《たた》いたり、物を投げつけて教えれば、その恐怖心から一旦《いったん》は問題の行動をやめることはあります。しかし、その行為を飼《か》い主《ぬし》が心地《ここち》よく思っていないことや、やめたほうが飼い主が嬉しいと思うことを教えたことにはなりません。

Chapter

6

愛犬と楽しく暮らすために大切なこと

与えた愛情以上に答えてくれる

てってっ
おいで
えらい
えらい
てっ
てっ
てっ てっ
犬を褒《ほ》めるときは
よく通じるように
大げさに
褒めるのよ
オホホ
はい

おすわり
サッ
すごい！ぽんた
よくできたね！
オホーッホホ
わしゃ
ピョン
わしゃわしゃ
ピョーン
ピョーン
本当に
嬉《うれ》しそう…
ただいま
ワン！
おすわり！
シャ
すごい！
ぽんた！
ダダダダ
ピョンッ
あっ
ゴッ
ザシャー
ツン
落ち着き
なさすぎ…
ワフ
ワフ
ワフ
ガラ
ガラ
ガラ
ガラ

大切なこと㉖
犬を褒めるのは飼い主さんからの「ありがとう」を伝えること

褒《ほ》め方には
犬を興奮《こうふん》させてしまう
褒め方と
ほめて
ほめて〜
ワクワク
落ち着かせる褒め方の
2種類があります

ゴシゴシ
ひゃーっ
ポンポン
うほっ
このような褒め方は
犬を興奮させ
何か仕事をやらせよう
とするときや
スポーツをするとき
激しく遊ぶときに
向いた褒め方です

犬を落ち着かせたいときは毛《け》並《な》みにそって一方通行に優しくなでて褒めるようにします

おかえりなさい
しつけ教室どうだった？
「まて」と「おすわり」を教わったよなあ
よくできたよな
なー
やってみてよ
おすわり
きょとん

おすわり
きょとん
・・・・・
タタタター
あれ？
おかしいなぁ
あの子
物覚《ものおぼ》えが
悪いんじゃない？
ザララー
コトッ

まて
ガッガッガッ
ガッガッ
ガツガツ
ハァ
何度やっても言うこと聞かないのよ
しょうがないよなぁ ちょっとオバカなだけだよなあ
お〜よしよし
まあいいか！「おすわり」や「まて」ができなくても困ることないし…
かわいいから許しますぅ
スリスリ

違うだろ？
そっちは
公園じゃ
ないだろ？
グイ
グイ
こんにちは
ワン
ワン
ワーッ！
レオ！
ダッ
すみません
ワン
ワン
ワンッ
フー

大切なこと㉗
犬が諦めるぐらいの粘り強さで教えることが必要
犬は「群《む》れの動物」でリーダーを求めリーダーに従《したが》う性質があります
リーダー
従う
犬が「群れのリーダー」として求める条件は
1 豊かな愛情を持っていること
2 自分を外敵《がいてき》から守ってくれる強さがあること
3 粘《ねば》り強い精神を持っていること
です
バンッ

しつけをするときに
粘りがなく
諦《あきら》めのよい
飼《か》い主《ぬし》さんは
あれ？
おかしいなあ
しょうがないよなあ
ちょっとオバカな
だけだよなあ
おーよしよし
リーダーとしての
信頼感に
欠《か》けるのです
自分の群れの中に
リーダーとして
ふさわしい人が
いないと思った犬は
ボクが
リーダーに
なるしかない
ワン
やむを得《え》ずに
自分がリーダー化
していくのです
犬が自分自身を
リーダーと思えば
散歩コースや食事時間は
自分で決めることになります
違うだろ？
そっちは
公園じゃ
ないだろ？
グィ
グィ
ワーッ!
ダッ
レオ！
また
外敵から群れを
守らなければならなくなるため
すれ違う他の犬や人に対して
威嚇《いかく》し 遠ざけようとする行動も
取ることになるのです

ワン
ワン
ワンワンッ
……
ワンワン
散歩《さんぽ》は
夕食後だろ？
ワン
あなた
うるさいから
先に散歩に
行ってやってよ
仕方ない
なあ
バン

早朝
ワン ワワン ンンン
ワン ワン
まだ5時じゃない…勘弁《かんべん》してよね
ワン ワン
飯《めし》か？
みたいです…
ワーンワンワン
何でこんな早朝に朝ごはんを欲しがるんだろう
よいしょっと
ワン

大切なこと㉘

犬に合わせず人に合わせる

犬の生活リズムに
合わせようとすると
人の暮らしに
無理がきます

散歩《さんぽ》の時間や回数
食事や起床の時間などは
すべて飼《か》い主《ぬし》さんの生活に
合わせるようにするべきです
そのためにも 飼い主さんは
愛犬のリーダーに
ならなければいけません

チロちゃん
ちゃんと
歯磨《みが》きしないと
大人になって
大変だからね
こらこら
じっとして
じたばた
ダッタカター
歯磨きは
嫌《いや》なのか
ねえ…

チロちゃん
疲《つか》れたの？
ペタン
しょうがないねぇ
だっこしてあげようね
重いねぇ
……
あはは〜っ

ダメよ
・・・・
チロちゃん!!
シュッ
シュッ
チチチ…
ワワワーン
ワーン

大丈夫よ
怖《こわ》くない
からね
おーよしよし
グルルルル
くるり
ビュオオオオオ
台風《たいふう》は
怖いねえ
ガタガタッ
ウウォーンワーン
ブルブル
今日は一緒に
寝てあげる
からね
だっこだっこねー
ガタガタ

大切なこと㉙

我慢を教えてストレスに強い犬にする

無理にストレスを与えるのは
よくありませんが
不自由や我慢《がまん》をさせないようにと
ストレスを感じさせずに
育てた場合
些細《ささい》なことにも
ストレスを感じる犬になって
しまいがちなのです
子犬のときから
少し我慢をさせるように
軽いストレスを与え
ストレスに強い精神力を
育《はぐく》むことを心がけてください

大切なこと㉚

犬を優しく育てる理由を知る

犬は
飼《か》い主《ぬし》の家族の習慣や
接し方を見ながら育つため
飼い主が乱暴《らんぼう》であれば
犬も乱暴になってしまいます
飼い主が優しく接するように
心がければ
優しい犬が育つのです

大切なこと㉛
犬の個性を見極める観察眼を養う

愛犬を
褒《ほ》めるときや触《さわ》るときに
色々なところを
触ってみてよく観察《かんさつ》し
もっともきもちよいと
感じる場所や触り方を
知っておくといいでしょう
また 愛犬の個性を
見極《みきわ》めることも大切です
臆病《おくびょう》な子もいれば
大胆《だいたん》な子
静かさを好《この》む子もいれば
思いっきり元気な子も
いるのです

愛犬をじっくりと
観察してください
愛犬を細《こま》かく
観察することで
毎日変わる
精神状態《せいしんじょうたい》 健康《けんこう》状態が
わかるようになります
疲《つか》れていそうなときは
短めの散歩にするなど
愛犬のリズムに合わせて
あげることができるのです

つかれてる
のかな?
今日の
お散歩は
短めにしよう

Chapter
7

愛犬と快適に暮らすために大切なこと

愛犬との暮らしは人生を豊《ゆた》かにする

大切なこと32
車の乗せ方と降ろし方を習得する
車内では興奮させたり好奇心《こうきしん》を刺激《しげき》しないようにしますいいこにしていたら優しく褒《ほ》めてあげます
自宅に戻ったときにもすぐに家に入らず犬を車から降《お》ろしたあと少し遊びます
車内で遊ぶことではなく車を止めて降ろしたあとに楽しく遊べると教えていくのが大切!

愛犬を車内に残して
飼《か》い主《ぬし》さんだけが
先に降ります
「待って」などと優しく声をかけ
外に出たがる犬の首輪《くびわ》を
しっかり持ったまま待ちます
待って
カチ
少し落ち着いたのを確認したら
リードを付け
周囲の安全を確認《かくにん》してから
「よし」と言って降ろします
よし
ぴょん
犬の飛《と》び出し事故に注意！

大切なこと㉝
犬の乗り物酔いの治し方を知っておく
犬が酔《よ》うと
ガラスや人の手を
なめ回したり
よだれを流したり
します
ペロ
ペロ
犬が車酔いして
しまったら
すぐに車を止めて
休ませましょう
ホッ
犬が吐《は》いて
しまったら
大騒《おおさわ》ぎをせずに
犬を
降《お》ろしてから
片付《かたづ》けます

車酔いを治すには
止まっている車に
犬を乗せます
その間
むやみに名前を呼んだり
遊ばないようにします
じ….
数分たったら
犬を車から降ろして
遊びます
次に
車に乗せて5分程走り
降ろして遊びます
↔5分
ブー
あとは「大切なこと32」と
同じ方法を繰《く》り返します
車に乗って
どこかに向かい
到着《とうちゃく》したら楽しいことがあると
思わせることにより
車内では静かに過ごし
なおかつ 車酔いをしない子に
育てることができます

大切なこと㉞
犬同士の初対面の挨拶を知っておく
犬同士を近づける前に少し離れたところから相手の犬の年齢を聞きます
その子はおいくつですか？
年上の子が先にお尻《しり》の匂《にお》いを嗅《か》ぐことができます
くんくん
犬
相手の犬に顔が向かないようにしっかりと犬を押さえておきます

犬が暴《あば》れても叱《しか》らずに「大丈夫だよ」と言って我慢《がまん》させます
大丈夫だよ
犬が暴れても強く指示したり叱ったりは厳禁！優しく声をかけ押さえて我慢させることが大切！

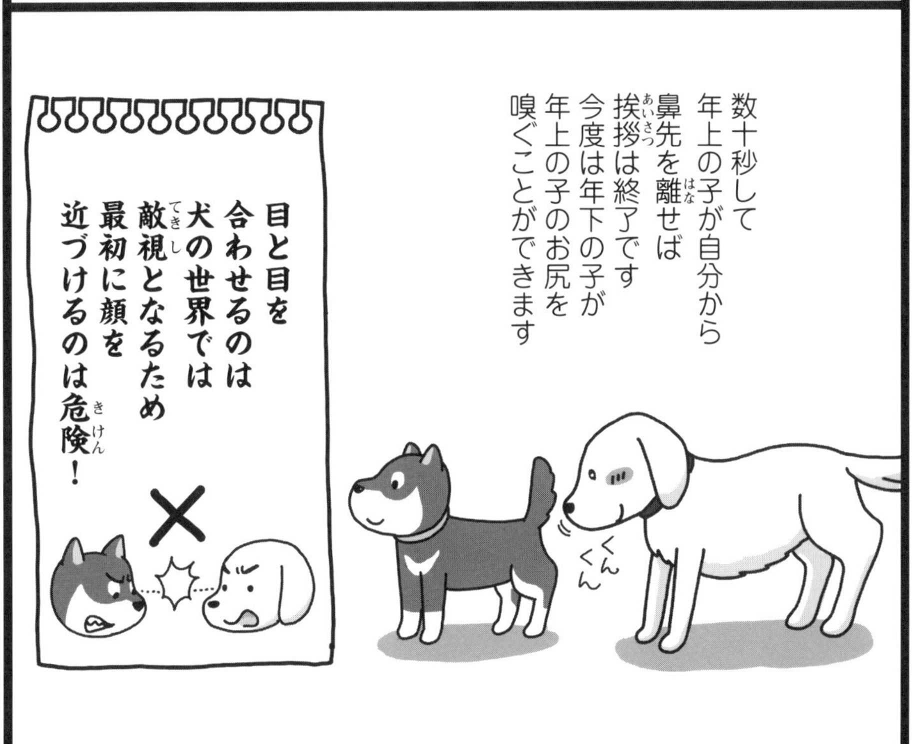
数十秒して年上の子が自分から鼻先を離《はな》せば挨拶《あいさつ》は終了です今度は年下の子が年上の子のお尻を嗅ぐことができます
目と目を合わせるのは犬の世界では敵視《てきし》となるため最初に顔を近づけるのは危険《きけん》！
くんくん

まんがでわかる犬のホンネ
犬はあなたにこう言ってます

発行日 2021年 4月14日 第1刷

原作 三浦健太
漫画 横ヨウコ
原作協力 黒崎直美

本書プロジェクトチーム
編集統括 柿内尚文
編集担当 小林英史
編集協力 清末弓乃（オフィスYUMINO）、石丸邦仁（石丸動物病院）
写真 PIXTA（ピクスタ）、Adobe Stock Photos
デザイン 五味朋代（株式会社フレーズ）
DTP 有限会社ウィッチ・プロジェクト
校正 植嶋朝子

営業統括 丸山敏生
営業推進 増尾友裕、藤野茉友、綱脇愛、大原桂子、桐山敦子、矢部愛、寺内未来子
販売促進 池田孝一郎、石井耕平、熊切絵理、菊山清佳、吉村寿美子、矢橋寛子、遠藤真知子、森田真紀、大村かおり、高垣知子
プロモーション 山田美恵、林屋成一郎
講演・マネジメント事業 斎藤和佳、志水公美

編集 舘瑞恵、栗田亘、村上芳子、大住兼正、菊地貴広
メディア開発 池田剛、中山景、中村悟志、長野太介、多湖元毅
管理部 八木宏之、早坂裕子、生越こずえ、名児耶美咲、金井昭彦
マネジメント 坂下毅
発行人 高橋克佳

発行所 株式会社アスコム

〒105-0003
東京都港区西新橋2-23-1 3東洋海事ビル
編集部 TEL：03-5425-6627
営業部 TEL：03-5425-6626 FAX：03-5425-6770

印刷・製本 株式会社光邦

Printed in Japan ISBN 978-4-7762-1132-7

本書は、2014年12月に弊社より刊行された『犬のきもちがわかる34の大切なこと』を改題し、一部修正したものです。